未来已来系列

人工生态系统

［韩］金成花　［韩］权秀珍 / 著　［韩］金真花 / 绘　小栗子 / 译

回归生态圈1号！

快来这里玩吧！

电子工业出版社
Publishing House of Electronics Industry
北京·BEIJING

千万不要出去！

多年以后，每次当我打开手机，小助手都会像这样冲着我大喊——

大气中的可吸入颗粒物浓度已经高达
每立方米199毫克，
糟糕！糟糕！简直太糟糕了！

那时，孩子们上学都不得不戴上防毒面具。不，其实那时世界上早就没有学校了。

公司和工厂也已经从地球上彻底消失。

毕竟在空气重度污染的情况下，谁都没有办法出门。

那时候的地球实在太脏了！

真想把地球塞进洗衣机里好好洗一洗。

启动顽固污渍去除模式，彻底清洗！

啊！地球被挂在晒衣绳上，正在随风摇曳，1 个、2 个、3 个、4 个……

原来是人工地球！

人工地球圆圆的、小小的，每一个都很干净、很清澈。它们就这样晃晃悠悠地飘荡在宇宙中。

"你简直就是在胡说八道！"

但世界上从来都不缺会做梦的人呀。

如果没有这些梦想家，现在的地球一定是一颗非常无聊的行星。正是因为这些梦想家，在遥远的未来，那一场空前绝后的实验才得以进行。

"什么实验？"

地球复制项目——
创造人工地球！

目录

01

创造人工地球

　　许多年以后，人们在地球上进行了一次异想天开的实验。接下来我要讲的，就是关于那次实验的故事。

　　那是一次与众不同的实验，那次实验之后的很长一段时间里，地球上都未再次出现——

如此奇妙荒唐，

又让人

意想不到的

伟大实验了！

如果……

宇宙如此辽阔，也许我们真的可以在宇宙的某处找出几颗和地球相似的行星。

但是，我们至今都没有找到它们，而且即使我们真的找到了，也不太可能飞到那里。因为就算宇宙飞船以光速前进，我们也要在宇宙中飞行至少几百年，才能到达另一颗与地球相似的行星。

"别担心了。到了那个时候，科学家们一定已经发现了虫洞。我听说只要有虫洞，就可以快速到达数百光年之外，甚至早晨出门也能在妈妈准备好晚饭之前回来呢！"

如果虫洞真的存在，穿越虫洞无疑是一个非常不错的办法！但是真的有虫洞吗？虫洞到底在哪里呢？

我们至今无法判断虫洞是否真的存在，寻找这样一个具有不确定性的虫洞，或者在数千亿颗行星中大海捞针一般地寻找与地球相似的行星，就像是一场有关科学概率的游戏。

但是，我接下来要讲的故事是完全不同的，因为那一次的实验是确确实实的科学，是真真正正的冒险！

因为
在这个故事中，
人类在地球上

真正地

创造出了

另一个地球！

让我们闭上眼睛，想象一下：

你现在正处在一颗干净透明的大玻璃球里，懒洋洋地打着游戏，而这颗玻璃球正飘荡在广阔的宇宙之中。

你既不是在一个小小的胶囊舱里，也不是在宇宙飞船里，而是在一个大大的玻璃球里。那里有你的卧室和厨房，天上飘着白云，地上长着绿草，蚂蚁在爬，鸟儿在飞。不仅如此，那里甚至还有大海和沙漠，几乎就是一个缩小简化版的地球！而这颗玻璃球的外面就是广阔的宇宙！

和宇宙飞船不同，我们并不需要随身携带空气、水和粮食。这颗玻璃地球和真正的地球一样，可以实现空气、水和粮食的自给自足。

这就是人工地球！

也许在未来的某一天，人们真的会乘坐一颗又一颗人工地球，晃晃悠悠地游荡在宇宙之中！

"不，这太荒唐了！"

原本这确实只是一个非常荒唐的想法，直到许多许多年以后，一群人出现了，他们把这个荒唐的想法付诸实践，变成了现实。

"那群人是谁？"

"他们是疯子？还是天才？"

"他们不会是疯狂的科学家吧？"

"他们还有可能是一群伪装成人类的外星人！"

02

他们出现了

他们出现了！

"是外星人出现了吗？"

当然不是，他们都是地球人。不过，也许是伪装成地球人的外星人。

骗你的，他们都是一直生活在地球上的普通人，在普通的家庭出生，在普通的学校上学。他们的爸爸妈妈也没有料到，自己的孩子会离开家，开始一场荒唐、离奇的冒险！

也许听到自己的孩子想去《海底两万里》中的世界或者哥布林所在的地底世界探险，他们都不会如此震惊。

一个长大以后成为
生态圈实验队员的小朋友，
关于他的……

未来梦想职业大调查

兽医 ————————————— ▱

护士 ————————————— ▱

足球运动员 —————————— ▱

记者 ————————————— ▱

作家 ————————————— ▱

律师 ————————————— ▱

艺人 ————————————— ☑

设计师 ———————————— ▱

为什么我只能从事这些职业呢？这些职业没有一个是我喜欢的，我不想成为其中的任何一种人！

因此，他开始冒险。他乘着船来到大海中央，骑着骆驼走进沙漠深处……在冒险的过程中，他遇到了另一个冒险家，那个冒险家又遇到第三个冒险家，第三个冒险家又被别的冒险家深深吸引，他们一个接一个地加入，慢慢变成了一支冒险家团队。

　　亿万富翁、宇宙科学家、生态学家、植物学家、动物学家、昆虫学家、沙漠专家、环境专家、工程师、建筑师、营养师、医生……他们组成了一个团队，共同开始这场冒险。

　　"他们去了哪里？"

　　你没办法在地图里找出他们的坐标！他们走进了一个离奇的世界，那里没有任何记录，甚至在梦中我们都不曾听说！

　　"所以他们究竟去了哪里？"

嘘！

你听到声音了吗？

已经开始了！

推土机和拖拉机正在繁忙地工作着。

"它们在干什么?"

它们正在制造另一个"地球"!

"制造'地球'?在这里?"

没错!

它们正在建设的就是生态圈2号。

那是一个人工生态圈,是人类创造出的第一颗人工地球!

"生态圈又是什么?"

这个生态圈其实就是一个"球",只不过在这颗"球"里,水和空气可以不停地循环。不仅如此,还有生命体生活在这个"球"里,它是一颗可以自给自足的神奇的"球"。

科学家们
把地球称为
生态圈1号，
而
他们即将
创造出
生态圈2号。

哇，快看那里！

在沙漠的中央，巨大的玻璃穹顶正在缓缓升起。

一颗"地球"正在升起！

"那个东西怎么可能是'地球'？它一点儿都不圆，看样子只不过是一座宫殿！"

它真的是"地球"！

人们将在那里完美地复制出地球的生态系统！

海洋和沙漠、湿地和草丛，以及热带雨林，都会被完美地复制。

鱼、草、树、蜘蛛、蛇、青蛙、蜥蜴、羊、猪、鸡、狐猴……人们会选择合适的地球生物，带到那个玻璃球里。当然，人类也会进去！

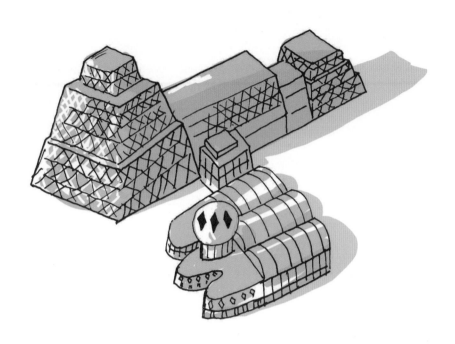

生态圈队员们已经接受了严酷的训练，他们都是自愿加入这一次伟大实验的！

"一次实验?"

没错，要确保生态圈2号处于完全封闭的状态，地球和生态圈2号之间不能有任何物质交换，连一滴水、一丝空气都不可以。所有的缝隙都将被强力硅胶封住！

"这怎么可能?"

一切准备就绪，实验马上就要开始了。这次实验的目的，是想弄清楚在自给自足的情况下，生物是否可以生存。

他们为什么要这么做?

我说过这是一次人工地球实验呀!

队员们
把自己关进了
生态圈 2 号之中。
他们要挑战
在那里生活两年！

 太不可思议了！

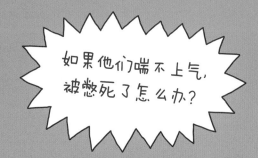 如果他们喘不上气，被憋死了怎么办？

他们应该会被渴死吧？

他们一定会被饿死的！

换作是我，我是绝对不会参与的。

什么？你不想进入生态圈2号？

可是你知道吗？其实我们很早以前就开始生活在一个与之类似的地方了，那就是生态圈1号。而且，直到现在我们也仍未逃离，我们的处境和与进入生态圈2号的队员差不多。

你明白了吗？生态圈1号就是地球。

也许，地球是宇宙空间中唯一的生态圈。

地球上有数不清的生命体，这些生命体全部都是凭借地球的资源来呼吸、休息和进食的。

这种情况称得上是完完全全的自给自足了！

我们……………………就……………………生活……在地球上！

从地球到宇宙，再从宇宙到地球，两者之间没有一丝空气或一滴水的流动。唯一可以从宇宙流动到地球上的东西，除了偶尔坠落的陨石，就只有从 1.5 亿千米外"飞"来的阳光了！

你知道你每天喝的水和每天呼吸的空气都是从哪里来的吗？

我们每天都需要喝水、呼吸。但是在地球上，参与循环的水和空气的总量几乎没什么变化！

地球上生活着数百、数千、数亿种生物，当然也包括我们人类。从古至今，我们人类一直在消耗水、空气和粮食，但是这些东西似乎从来没有从地球上消失过！

在过去大约38亿年的时间里，地球上的水和空气养活了无数生命。但是，在这样漫长的时间里，地球上的水和空气从来都没有流失到宇宙中去。

从宇宙飞来的东西，似乎只有从天而降的陨石。

地球上的
水和空气
不断地被
循环利用，
直到现在。

从细菌到恐龙，
从白蚁到智人！

"经过了那么多次，那么频繁地循环利用，总量竟然几乎没有减少，真是不可思议！"

这不仅是一个让人惊奇的事实，而且是生态系统伟大的不解之谜。

1968年，夏威夷大学的福尔索姆博士，创造出了宇宙中最小的生态系统。他从夏威夷的海滩上淘来了一把沙子，然后把这些沙子倒入了一个玻璃瓶。随后，为了确保玻璃瓶内外不会有任何空气和水的交换，福尔索姆博士把这个玻璃瓶密封了起来。然而此时的瓶子里并非只有沙子。虽然我们看不到，但是瓶子里已经掺进了细菌和绿藻。

咚！生态系统开始发挥作用了。

阳光照射绿藻，绿藻就开始进行光合作用，制造出氧气。接下来，细菌会吸收氧气，呼出二氧化碳。绿藻会接着再把释放出来的二氧化碳转化成氧气！

生态系统运转得非常良好！

这样也可以运转良好吗

发了疯一样用力摇晃玻璃瓶。

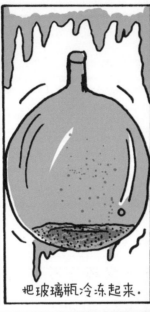

把玻璃瓶冷冻起来。

把它丢在黑暗中……

那些小小的生物竟然在福尔索姆博士的玻璃瓶里存活了 25 年！它们现在还活着吗？

其实，福尔索姆博士的玻璃瓶和我们的地球很像！

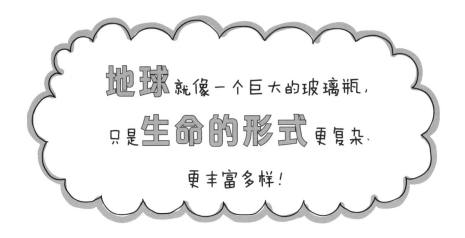

在 20 世纪 60 年代初期，苏联的宇宙科学家谢佩列夫代替细菌，亲自走进了一个密闭的生态圈。那是一个只有一个鱼缸和一把椅子的房间！

房间的门已经被完全密封，但是由于鱼缸里的绿藻可以制造出氧气，谢佩列夫还是成功地在那个房间里生活了一整天！

现在，一项比封闭的玻璃瓶或小房间更加复杂、更加庞大的生态圈实验就要开始了。

　　这项巨大的人工生态圈实验，就是生态圈2号项目。

　　实验已经开始了！

　　泥土已经被倒了进去！

　　第一种生物正在进入人工地球！

　　"在哪里？在哪里？我怎么连一只蚂蚁都看不到？"

　　当然啦！因为它们都藏在泥土里了。每克土壤中通常生存着几千万至几十亿个微生物，包括细菌、放线菌、真菌等，生态圈2号里的泥土总量会达到上万吨。

　　哼哼！

　　"真好闻！"

　　你在干什么！快点儿坐上来吧！

哇！这里应该就是人类居住的区域了！

"这里不仅有软软的沙发，还有一台大电视！"

一层是客厅，二层是卧室！

"让我们上楼看看吧！"

04

被"监禁"在
生态圈2号之中

门被关上了！

"什么门？"

当然是生态圈 2 号的大门。这扇门和飞机、宇宙飞船上的大门一样，所以它非常结实，密闭性也非常好。对了，你知道今天是几号吗？

"今天是 9 月 26 号！"

就在今天，生态圈 2 号和生态圈 1 号已经完全隔离，变成了两个独立的世界！哇，这里已经变成密闭空间了！我们都被封住了！

"你在瞎说什么？应该是我们被困在了这里吧！呼呼——我已经喘不上气了！"

我们现在正在参与人类伟大的实验！

快看那里，那里正在燃放烟花。

不仅如此，很多记者也专门跑了过来。

你看，大家都在祝福我们呀。

你还愣着干什么，快和他们挥挥手，快一点儿！

让我们引以为傲的生态圈队员们！

各位进入了那颗小小的"地球"……

这是人类第一次在一个密不通风的空间……

叽里呱啦，叽里呱啦

就这样，我们被困在了这里，稀里糊涂地成了勇敢的生态圈队员。

快跟上！

先让我们喝杯茶，打起精神怎么样？

哇，这里竟然还有铺着红毯的螺旋形楼梯！

还没走几步，大大的厨房就映入眼帘。

人类居住区里有一间现代化厨房，看起来非常不错，我们在那里喝了杯薄荷茶。

"似乎其他队员刚刚也在这里喝了茶。你看，这里的茶还热着呢！"

你相信吗？现在的我们已经完全脱离了地球，正位于一个全新的"地球"里。

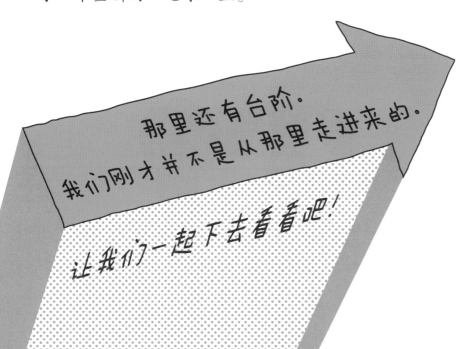

那里还有台阶。
我们刚才并不是从那里走进来的。

让我们一起下去看看吧！

我们经过了空气泵、海水盐度调节器和巨大的水箱，通过窄窄的管道溜了出来。

管道的尽头，是一间层高非常高的圆形房间。

"啊！这里是哪里啊？啊啊啊！"

让我看看地图。嗯，这里也许是"肺房"！

这里是肺？真的吗？？？

"这里有回声——声——声——声——"

因为这里的天花板上悬着金属板，地上还铺着金属板，所以才会有回声呀！

如果在这里演奏音乐，效果一定很棒吧？

"这间房间是用来做什么的呢？"

我们沿着来时的路回到了科技城。

呀！空气净化机之间竟然还夹着一道门！

"要不要进去看看？"

刚把门打开，就有一阵强风袭来。

我们顶着强风，走过了长长的通道，走了几级玻璃台阶，然后打开另一扇门溜了出来！

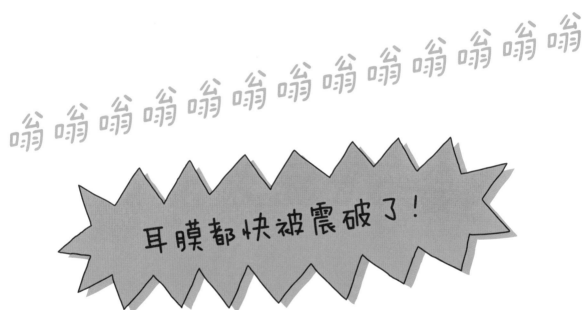

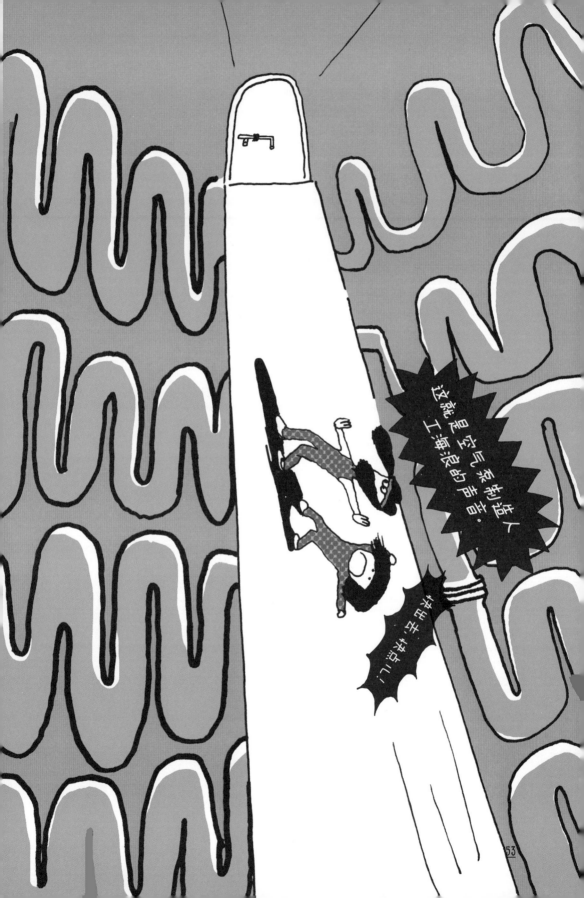

53

我们在地下科技城迷了路。

"真是霜上加雪啊！"

应该是雪上加霜吧。

"我们已经被困在生态圈2号里了，竟然还在地底迷了路，实在太倒霉了。快找找出口，快点儿呀！"

不要着急，我正在找！

我们又在地下走了很久，好不容易才找到台阶，爬了上去。

"这又是哪里？"

呼！这里是荆棘区。

小心点儿，刚刚我看到有一条蛇爬过去了。

"呃——啊！"

这里是沙漠区！

后面是草原区！

"沙漠就算了吧！"

我们朝着草原的方向，慢慢地、小心翼翼地走着，唯恐一不小心就被荆棘扎到。

尽头就是峭壁了！

"哇，这里竟然真的有瀑布！"

从这里开始就是海洋区了！

咚咚！咚咚！

"有人在敲玻璃。他们是不是在看我们？"

快和他们挥挥手吧，快点儿！看他们的样子，我仿佛变成了一个大明星呢！

"我倒是觉得自己快变成一只猴子了！"

即使是一只猴子，也是一只非常伟大的猴子呀！

"你吵死了！这都是谁惹的祸呀！"

应该是多亏了某个人才对嘛。

别说了，快点儿跑到对面的台阶上！一直朝那个方向跑就可以跑到热带雨林区了。跑到那里，外面的人就看不到我们了。

呼，我们一路跑到了热带雨林区。在那里，我们透过巨大的玻璃穹顶，看着太阳下了山。

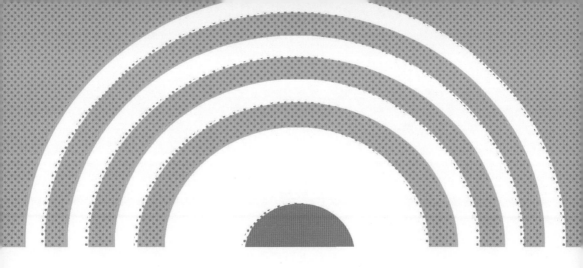

看，那里也有台阶。

"又是台阶？"

我们快下去看看吧！

这里有快成熟的稻子，看样子我们到了农业区。

"怎么又是台阶！"

上去吧，快快快！

哇！这里还有香蕉树呢！

"那里有扇门！"

吱嘎——

"原来这里是人类居住区！"

我们就这样回到了原点！

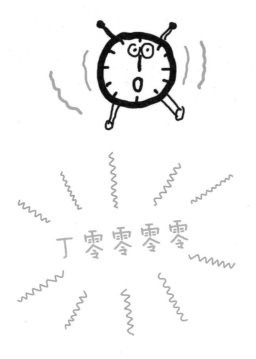

丁零零零零

快起来!

起床了，起床了！快起床！

"我好累呀!"

如果想在生态圈2号中生活，我们就必须从现在开始严格按照时间表生活。

"我又不是自愿进来的。"

好了，不要再发牢骚了。让我们一起努力，好好适应这个全新的"地球"，如何?

毕竟在真正的地球上，所有生物都是这么做的!

身在生态圈 2 号，就必须遵守的

每日时间表

24 点

呼噜—— 呼噜——

22 点

早早准备睡觉
为明天储备能量

20 点

自由时间

19 点

晚餐时间

18 点

喂家畜吃饲料
干杂活

大家一起在农业区干活
（插秧、除草、收割、翻土……）

早餐时间

在各自负责的
区域工作

睡午觉
做研究

工作时间

午餐时间

工作时间

6 点

8 点 30 分

9 点

10 点 30 分

14 点 30 分

13 点

12 点

周六还要洗
衣服……

打扫畜棚、读
书，也不忘补
一补觉。

哎呀，这么快就8点了。现在是天气预报时间！

"下不下雨对我们有什么影响呢？毕竟我们已经被困在生态圈2号里了呀。"

生态圈2号里的天气预报和你说的天气预报可是两码事！在这里，我们每天都要分析空气和水的成分，检测生态圈2号内的空气和水是否安全，关注海水是否异常。

有人召集大家准备召开紧急会议！

快跑起来！我们要到草原区集合！

"为什么？"

我们要赶快把枯死的草都割掉。你没有听到吗？二氧化碳的含量变得越来越高了。我们不能让草继续烂在土壤里。如果继续放任不管，土壤里的微生物就会在分解这些枯草的同时，释放出大量的二氧化碳！

快点儿把草割掉！嚓嚓嚓！

这里既没有牛群，也没有羊群，割草的事也只好我们自己动手了。

"按照你的说法，感觉我像一头牛！"

即使你真的是一头牛，你也是一头非常伟大的牛！牛在大口大口吃草时，是没有意识的，它并不知道自己在做什么。但是你不一样，你现在是在执行保护大气的重要任务。我们正在减少大气中的二氧化碳！

就这样，我们在草原区割了一整天的草，然后把割掉的枯草顺着电梯通道扔进了地下室。

除了割草，这里还有很多事等着我们去做。我们要喂鸡、猪和山羊，给山羊挤奶，捡鸡蛋，打扫畜棚……

早上我们会喝点儿粥。今天的午餐和晚餐都是蔬菜，研究队队员们会为我们做好饭的。

在这里，我们一周只能吃一次肉，而且只能在晚饭的时候吃。

因为我们没办法在生态圈2号养很多家畜，所以我们几乎是吃不到肉的。

因为这些动物都要吃我们亲自种下和收获的粮食长大。你可不要小看它们，它们吃得可真不少。

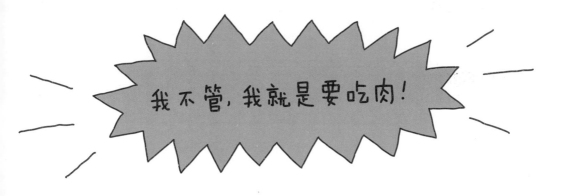

首先，在生态圈2号里，我们没有足够大的空间养那么多动物。其次，如果我们养了一群牛，那么也许只要牛群一起打个嗝，生态圈2号的沼气含量就会超标，很有可能发生爆炸！

"别开玩笑了！没有肉吃要怎么活呀？我要出去！现在就要出去！"

别着急，虽然我们没有肉吃，但是我们有羊奶喝。

我们还可以吃香蕉，香蕉里也有不少脂肪和丰富的蛋白质呢！

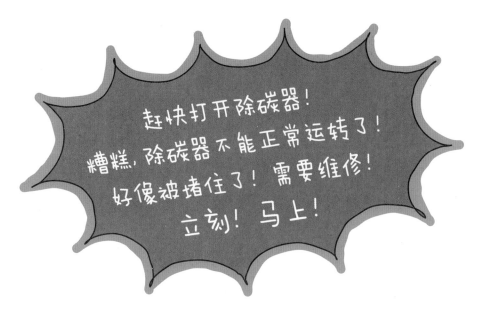

我们和生态圈队员塔贝尔一起清扫了一整天除碳器。

"为什么二氧化碳会变得越来越多?"

一定是因为你呼出的二氧化碳太多了,连空气都变得越来越污浊了!

"我才没有!你自己才要注意点儿呢!"

别吵了,我们还是赶快把机器修好吧!

"但是这个东西真的可以救我们吗?"

应该可以!

"这个东西是怎么减少二氧化碳的?"

用这台机器,短短几天的时间就可以做到大自然需要花费几百万年才能完成的事!

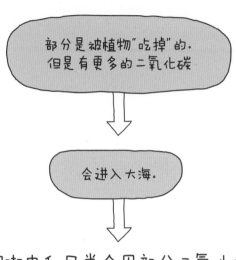

珊瑚虫和贝类会用部分二氧化碳
"制造"珊瑚和贝壳!

不过总有一天，被困在贝壳里的二氧化碳会重新回到空气之中！

"贝壳会飞走吗?"

当然不是！

贝壳会沉到深深的海底，经过很长一段时间以后，变成结实的石灰岩，然后慢慢消失在地壳之中。直到火山喷发时，它们才会再次出现。

那时，炽热的石灰岩会发生一系列化学反应，重新变成二氧化碳，回到空气中。

就这样，二氧化碳不断地循环。

在生态圈2号中，同样的事也在发生。

"火山要喷发了吗? 就在这里?"

大功告成！机器已经修好了，让我们看看这台除碳器可不可以正常运转。

嗡！嗡！

空气正在被不断地吸入这台机器，二氧化碳正在被溶解。

这一天，我们都在
用空气做石头！

还不够，还要继续减少二氧化碳！

我们收集了生态圈 2 号中所有闲置的板子，然后用它们做出一个大箱子。

队员们喊了起来。

"随便种点儿什么！只要是绿色的就好，快点儿！"

"抓紧时间，快一点儿，再快一点儿！"

我们在箱子里铺了一层塑料布，把水倒了进去，然后放进浮萍。

一波未平，一波又起。

生态圈 2 号透明的穹顶和墙壁上长出了很多苔藓！

"为什么你们都是一副大惊小怪的样子？长点儿苔藓没什么大不了的。"

如果苔藓遮住了阳光，植物就不能继续生长，再这样下去就麻烦了。

如果真的发生这种情况，二氧化碳的含量就会变得非常非常高！所以，我们用了一整天的时间，擦了一遍又一遍。

"啊！这里的苔藓实在是太多了！"

"需要呼叫'擦窗三剑客'！"

今天在热带雨林区工作的时候，生态圈队员琳达发现了一只毒蜘蛛！

"毒蜘蛛？呃！啊！"

不用担心，琳达很快就把它消灭了。

而今天也是生态圈2号中第一次有动物灭绝的一天。

"哎哟，它是怎么跑进生态圈2号的呢？"

生存斗争1

我们在生态圈2号里度过的每一天都十分忙碌，一点儿都不无聊。因为我们不是在和二氧化碳做斗争，就是在为了多收获一些食物而努力工作。

今天，我们就把挖出来的花生都晒干了。

我们还用花生的茎喂了山羊，它们都很喜欢吃。这样一来，山羊就会为我们产出更多好喝的羊奶了。

红薯长得也不错。

我们还割了小麦，这是我们收获的第一批小麦。

研究队有队员要过生日了，我们计划为她举办一场生日会。

"生日会？终于可以吃到肉了吗？我再也不想喝花生汤了！"

肉只能用来做一些点缀。我们可以在比萨上面撒上一点儿鸡肉，然后放上大量的山羊奶酪、西红柿、胡椒，这样我们就可以吃到"生态圈2号"牌比萨了！

今天，生态圈2号迎来了新的生命。一只母山羊顺利生下两只小山羊！可是另一只母山羊生小山羊的时候，却出了点儿问题。

小山羊的头实在太大了，它努力了很久都没有把小羊生下来。队员们尝试着接通了兽医的视频电话。

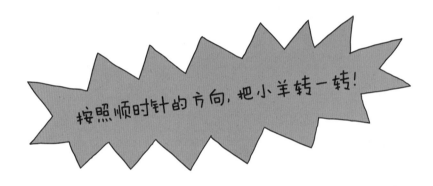

按照顺时针的方向，把小羊转一转！

兽医很快就跑到生态圈2号前，拿出小山羊的模型做起示范。但是母山羊已经使不上力气，有些虚脱了。

生态圈队员简抓住了山羊妈妈的脑袋，罗伊抓住了山羊妈妈的前腿，塞拉则抓住了山羊妈妈的后腿。泰伯也过来帮忙了。

"拜托拜托，再用点儿力呀，山羊妈妈！"

然而小山羊从妈妈肚子里出来的时候就已经停止了呼吸。

简抓住山羊妈妈的脖子，

后腿，然后大叫一声：回！

吼伊抓住了山羊妈妈的

膀，吼斯杰扛了门门？

虽然小羊已经死了，但是在生态圈2号，我们不能白白浪费这些羊肉。于是，小山羊的肉被做成了美食。

接着，我们又一起去喂猪。

万万没想到，一头猪突然开始疯狂地跑了起来。不知道为什么，那头猪竟一路冲到了生态圈2号的边缘，而那里恰好聚集着很多人！

为了吸引在生态圈2号外围观的游客的注意，简发出一声怪叫后，像玩杂技一样晃起了大锅。趁这个机会，我们费了九牛二虎之力才把猪赶回了猪圈！

应该没有人看到吧？

一定没有人看到！

天越来越凉，晴朗的日子也越来越少。

生态圈 2 号变得越来越潮湿了，二氧化碳含量又升高了。这时，塞拉气喘吁吁地跑了过来。

"出事了！仓库……仓库……"

"发生什么事了？"

大家都匆匆忙忙跑到仓库。到了那里，我们才发现仓库的地上满是积水。仓库里堆满了干草，这些干草可是我们用了一整个夏天才晒好的，可是现在它们却全部泡在了水里，已经开始腐烂了！甚至神不知鬼不觉地发霉了……

"干草堆发霉没关系吧？我们又不用吃！"

如果干草腐烂了，很快二氧化碳的含量就会升高！

我们把潮乎乎的干草堆全部搬到了空气净化器前面。所有队员都放下了自己手里的活，不分昼夜地搬起了干草堆。

今天下了雪。

只不过这场雪并没有落在生态圈2号，而是落在了生态圈1号——地球。

我们只能站在这里，看着雪落在外面的地上。

每次地球下雪的时候，生态圈2号里都会下雨。

因为生态圈1号和生态圈2号之间的温度有差异，所以生态圈2号的玻璃穹顶上会结霜。潮湿的湿气顺着玻璃墙滑下来，滴答滴答，慢慢就会下起雨来。落下的雨水会流到污水净化系统中，这些水用于饮用、灌溉农作物等。

生态圈2号里的水不断地循环，和地球上没什么不一样！

怎么办！因为太潮湿，霉菌快要把豌豆的根都"吃"光了。

咔嚓咔嚓！我仿佛听到了霉菌在咬东西的声音。

这个声音，也是我们的食物变少的声音。

不知是哪里出了错，我们种的土豆收成也很不好。就在昨天，土豆的茎还是绿色的，今天却有一部分突然变成了褐色。

食物一天天变少，负责做饭的队员几乎已经没有可用的食材了。

高强度的劳动和无法摆脱的饥饿，还有阴沉的天气，这一切让我们一个接一个地走向崩溃！

队员们脱了衣服，
身上沾满了颜料，
用身体在墙上画画！

他们为什么要这么做？

昨天，人类居住区被水淹了，原因是一位队员没有关浴室的水龙头。

大家都在猜那个人究竟是谁，队员之间充满了猜忌和怀疑，每一个人都变得极度敏感。

"无论怎么想，我都觉得你最可疑！"

"绝对不可能是我！我那么讨厌洗澡！"

生态圈2号里的队员一个接一个地变得爱发脾气、性格暴躁，甚至还有一些队员患上了抑郁症。

据说，长期与外界隔绝就很容易产生这样的问题。这些症状不仅会出现在生态圈2号的队员身上，很多在航天站工作的航天员和在南极工作的科考队员也可能会出现。

08

生存斗争2

春天终于来了!

今天狐猴群迎来了一个小宝宝,大家都非常开心。困在这里的我们都太孤单了。

毕竟生活在生态圈2号里的哺乳动物只有——

8名队员、4只山羊、8头猪和4只狐猴。

仅此而已!

"和我们一起生活在这个生态圈里的'人口'实在太少了!"

为了养活
生态圈里的"居民"，
我们马不停蹄地干活！
1分钟都不能停歇！

"很简单，喷一喷杀虫剂就可以解决这个问题了呀！"

不可以，杀虫剂有毒！如果生态圈2号的空气中混入了有毒成分，后果将不堪设想。谁都无法预测接下来会发生什么。

队员们曾尝试用天然杀虫剂杀死虫子，但是效果并不好。所以我们只能亲自用手一只一只地捉住这些虫子。

"啊啊啊啊！"

"我捉到了一只虫子！"

啊！又一只！

啊啊啊啊啊！又捉到一只！

"我们要把它们都扔掉吗？"

当然不能就这样扔掉。

"把它们都丢给鸡，鸡可以吃掉这些虫子！"

我们跑到鸡舍，把捉到的虫子全部扔给鸡。

"快吃吧！"

"它们看起来怎么一点儿都不感动？"

这可是我们花了大力气，辛辛苦苦才捉到的虫子！

刺啦刺啦！刺啦刺啦！

简对着无线对讲机喊道："通知全体队员，山羊希娜生下了1只健康的小羊。完毕！"

哇！再过几周，我们就可以喝到更多羊奶了。

"还可以吃羊肉！"

唉，你能不能别提肉了？

小羊在出生几小时之后就可以蹦蹦跳跳地绕着羊圈跑起来了。

"山羊，谢谢你们。"

山羊吃的都是我们不能吃的东西，它们吃花生茎和花生壳。但是它们还是长得那么好，而且还能为我们提供美味的羊奶和羊肉，这是一件多么神奇的事情呀！

不仅山羊生了小羊，猪圈里也多了6头小猪，母鸡也孵出了3只小鸡。

现在的动物区热闹非凡，每天都充斥着各种各样的声音——"咩咩！""哼哼！""喔喔！"

今天，简把下不了蛋的鸡带到了屠宰场。深吸一口气之后，她挥起了刀。出乎意料的是，就在刀落下的那一瞬间，鸡竟然跑掉了。

啊啊啊！

鸡拼命地逃跑！

简一边大喊，一边追着鸡跑，好不容易才抓住鸡，并把处理以后的鸡丢进煮着沸水的锅里。

不过，从那一天起，简就再也吃不下肉了。

尽管她日渐消瘦，但她仍然坚持把自己的那份肉分给其他队员吃。

我们还在坚持。

坚持只吃我们亲自种植和培育出来的东西，坚持在生态圈 2 号里生活！

"不过这样做又有什么意义呢？如果我们再多吃一点儿，这个实验就没办法继续进行下去了！"

说得没错！我们吃得太少，又干得太多了！

每一位队员都消瘦了不少。

"也许连我妈妈都认不出现在的我了。"

"呜呜呜呜！"

不过真的很神奇，我们并没有营养不良。罗伊是一名医生，根据他的说法，从血液检查的结果来看，我们的营养状况都非常良好。

"那又如何，我一点儿力气都没有了！"

这话也没错。毕竟有时候我们需要拼尽全力，才能勉强迈出一小步，工作的速度也慢了很多！

每天到了下午 4 点，我们就会无力地趴在地上，因为那时我们已经耗光了所有能量！

不知从什么时候开始……

过去的一年，我们一共吃掉了 1 300 千克红薯！

实在厌倦红薯的时候，我们也会煮一点儿甜菜粥。

即使到了甜菜成熟的时候，塞拉也会让我们等一等
再挖。

"为什么？"

因为她想让甜菜长得更大一些，这样我们的收获才
会更多。

没关系，你只是吃了太多的甜菜。

我的肚子快要饿瘪了！我们一边拿着盘子，嘴里咬着叉子，一边展开了丰富的想象。这可是一种可以打败饥饿感的想象游戏。

"叮咚！您的炸鸡送到了！"

"有没有闻到炸鸡的味道?"

"快把牛排翻到另一面。现在！"

"快嚼一嚼！咯吱咯吱的！"

"还有可乐，嗝！"

想象中的场景都是那么真实，仿佛我们真的吃到了这些东西。

"我实在忍不住了。"

我们快跑到顶楼去吧！

在那里，大家都流着口水，看着玻璃墙外的人们，他们正在津津有味地吃着热狗！

"就算给我蟑螂，我也愿意吃！"

你可真恶心！

这并不是玩笑，我们每晚都会认真地讨论，在最极端的情况下，我们能不能吞下蟑螂。

因为蟑螂可以分解枯叶，让土壤变得更加肥沃，所以在实验开始的时候，科学家们就往生态圈2号中投入了一些蟑螂。

只是大家万万没有想到，除了故意放进来的蟑螂，还有偷偷潜入生态圈2号的"偷渡者"，它们就是澳洲大蠊！它们躲在植物的叶子背面，悄无声息地进入了生态圈2号。这些蟑螂的数量很快就超过了我们的想象，几乎完全占领了厨房！

蟑螂大骚动

这些家伙，已经弄坏了两台微波炉！

啪！

用真空吸尘器把它们都吸走！

快吃吧！

被捉住的蟑螂都成了鸡的加餐！

就这样，蟑螂为下蛋的鸡群提供了营养！

今天是一个令人伤感的日子。

因为就在今天，队员们决定让猪从生态圈2号中彻底消失。

"为什么？"

因为队员们已经找不到东西来喂猪了。

8月28日，
猪从生态圈2号消失的日子。

09

氧气

消失了

嗡！嗡！紧急情况，紧急情况！

泰伯正在播报的天气预报显示，氧气正在消失！

"什么情况?"

生态圈2号里的氧气少了很多！

"怎么可能?"

"它们能跑到哪里呢?"

队员们仔仔细细地搜寻着，不放过生态圈2号的每一个角落。

好像他们真的可以在某一个地方找出一堆又一堆的氧气一样。

接下来我们要面对
什么情况？

我们一定会窒息而亡！

我们需要逃离这里！
立刻！马上！

别吵了！拜托你们
都冷静一点儿！

氧气还在不停地减少！

这些氧气到底跑到哪儿去了？

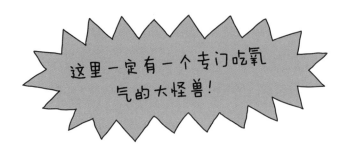

这里一定有一个专门吃氧气的大怪兽！

"也许我们就是你说的怪兽吧！"

"我们会消耗那么多氧气吗？"

不，消失的氧气可比我们消耗的氧气多得多！氧气一定是从某个地方溜走了！

难道生态圈2号被捅出了一个窟窿？

如果真的有窟窿，我们就不会缺氧了！

氧气的减少恰恰说明了生态圈2号的确处于一种完全密闭的状态，这里与外界连一丝空气的流通都没有！

呼呼！我已经喘不上气了

"这是什么东西？这是粥吗？这明明就是水！"

早上的粥变得越来越稀了。

队员们一窝蜂地拥到热带雨林区，他们想要摘那些还没有熟透的香蕉吃。大家实在太饿了。

在饥饿和缺氧的双重折磨下，大家都渐渐地失去了理智。

无论队员们如何哭喊，负责分配食物的塞拉都像一个英雄一样，坚持每天只给队员们分配很少量的食物。

直到 11 月 16 日，她说，不得不动用明年用来播种的自留种。不仅如此，她还要拿出应急备用粮了。如果仍然不能提高产量，或者从外部获取粮食，也许有些队员就不得不提前离开生态圈 2 号！

不过真奇怪。

这里的每一位队员随时都可以踢开大门走出生态圈 2 号，却没有任何一个人决定提前离开！

1月13日！地球上的科学家和医生们终于得出了结论：我们的确需要更多的氧气。

生态圈2号内部的氧气含量已经降到了14.1%，约为地球含氧量的2/3！

我们都像僵尸一样慢慢聚到了肺房。氧气被注入生态圈2号之后，我们的身体都变得轻盈了许多，仿佛马上就可以飞起来一样！

随后的19天里，陆续有1 400千克的氧气通过肺房进入了生态圈2号。就这样，生态圈2号里的氧气含量重新升到了21%！

所以这次实验已经失败了吗?

并没有人这样认为！

生态圈2号的队员们并不是为了创下吉尼斯纪录才来到这里的。我们来这里，是因为我们都怀揣着一个梦想，梦想着总有一天我们会在火星，或者在更遥远的宇宙生存。所以，实验远远没有结束！

我们一定要找到藏在生态圈2号里，偷吃氧气的怪兽！

叽叽喳喳……

10

吃氧气的怪兽，
究竟是谁

天气逐渐变暖，农作物重新开始生长。

我们收获了很多红薯。

但是……

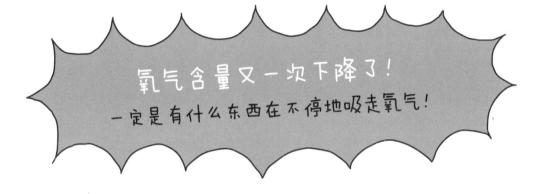

氧气含量又一次下降了！

一定是有什么东西在不停地吸走氧气！

　　泰伯记录了生态圈2号里原有的氧气量，以及从地球传送进来的氧气量，还准确地计算出每天有多少氧气会从生态圈2号消失。他努力地寻找一切可能性，俨然成了一名追踪氧气的侦探。

氧气到底去了哪里？

据泰伯的推测

氧是一种很容易和其他元素发生反应的元素。它一定是和某种东西结合了。那么它有可能······

1

与土壤中的铁结合。

◆◆◆◆◆◆◆◆◆◆◆◆◆◆◆◆◆◆◆◆◆◆◆◆◆◆◆

2

或者，溶于海水。

◆◆◆◆◆◆◆◆◆◆◆◆◆◆◆◆◆◆◆◆◆◆◆◆◆◆◆

3

也许土壤中的微生物才是"真凶"呢？

第三种情况的可能性最大。

不过如果真的是土壤中的微生物"吃掉"了氧气，那么这些微生物应该会释放出等量的二氧化碳。

那么，这些二氧化碳又在哪里呢？

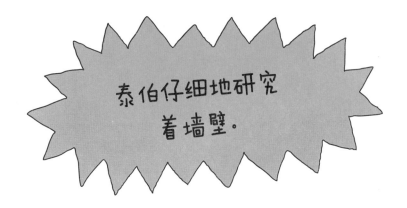

"他在做什么？"

为什么他开始用电钻钻墙？

"难道怪兽藏在墙壁里？"

怎么会有这种事呢！

突突突突突……

天啊！竟然真的会有这种事情！

泰伯真的在墙壁里

找到了线索！

泰伯的推测是正确的。

真相是这样的：最开始确实是土壤中的微生物"吃掉"了氧气。发生这种情况的原因是人们往生态圈2号的土壤里放入了太多微生物。虽然这些微生物会让土壤变得更加肥沃，但是它们的数量实在太多了。

真的是微生物"吃"掉了氧气吗？

这么说，罪魁祸首就是微生物！

如果"真凶"只有微生物，泰伯应该早就"破案"了。

"怎么'破案'？"

如果微生物"吃掉"了那么多氧气，那么它们也应该释放出差不多数量的二氧化碳。就像我们会吸入氧气，然后呼出二氧化碳一样。

但是泰伯和其他队员并没有在任何地方找到那么多的二氧化碳。

这就意味着这个"案子"一定还有"共犯"！

"有'共犯'？"

没错。举个例子，如果我们抓到了偷走钻石的嫌疑人，但是并没有在他的身上找到丢失的钻石，你觉得会是怎么回事？

"他一定有'共犯'，钻石肯定被转移到'共犯'身上了！"

就是这个道理！

泰伯需要找到了转移二氧化碳的共犯！

"'共犯'在墙壁里？"

没错！

"它长什么样子？"

它非常大！
而且还非常硬！

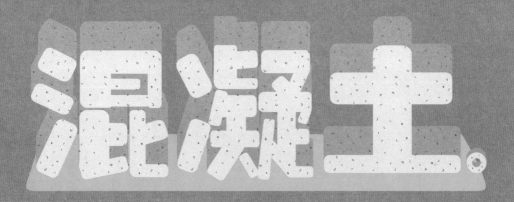

"共犯"就是混凝土。

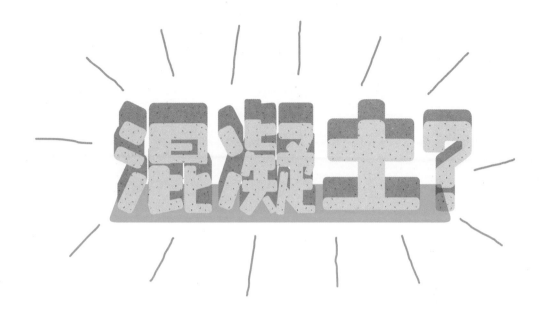

混凝土？

"噗！哈哈！你说'共犯'就是墙壁？"

对呀，就是不起眼的墙壁！

微生物释放出来的二氧化碳和混凝土中的氢氧化钙发生了化学反应，变成了碳酸盐和水。

它们的行动悄无声息……

差一点儿就骗过大家了。

如果它们得逞，这一次生态圈 2 号实验就真的要化为泡影了！

所以，我们得出一个结论——将来在宇宙中建造生态圈时，绝对要少用混凝土！

"而且千万不要往土壤里放太多微生物！"

哇！没错，你好聪明！

11

回归生态圈1号

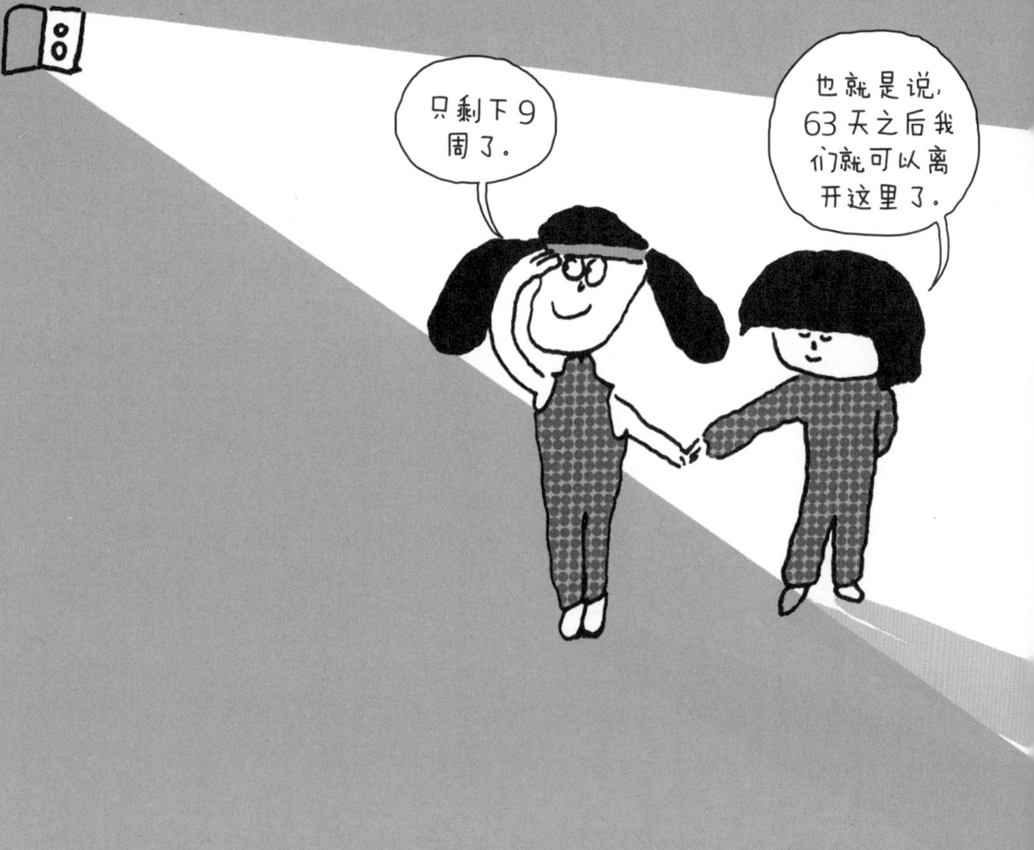

嘀嗒

嘀嗒

　　实验接近尾声还是有好处的，至少我们可以稍微多吃一点儿东西了。

　　"但是也有一点儿不好，那就是时间过得实在是太——慢——了！"

　　没错，每次看到那扇紧闭的大门，我都难以抑制内心的冲动。

　　真想马上踢开那扇门，立刻跑出去！

　　"现在，立刻！"

嘀嗒！嘀嗒！嘀嗒！嘀嗒！

倒计时！

剩下18小时！

还有12小时！

11小时！

嘀嗒！嘀嗒！嘀嗒！

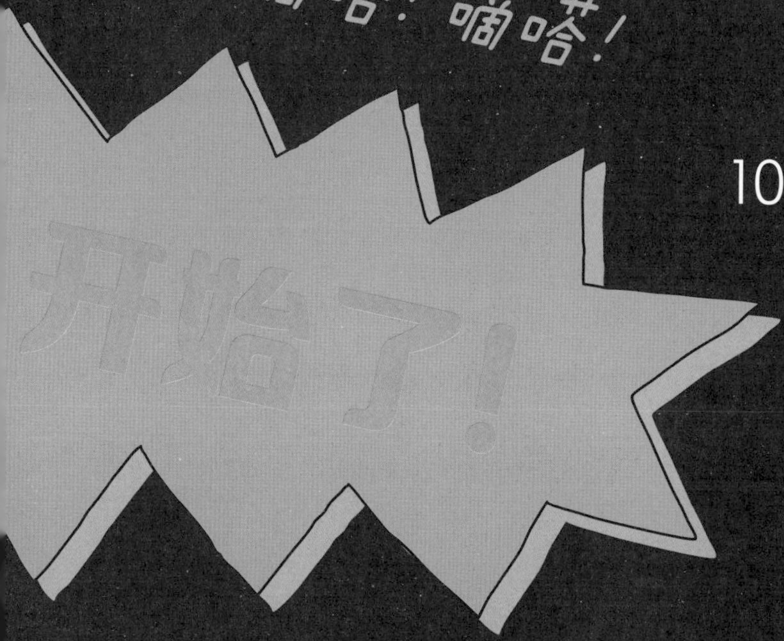

10小时了！

9小时！

还有8小时！

"快看那里！"

"人群已经开始拥过来了！"

采访车也开过来了。

"那里排起了好长的队，我都看不到队尾了！"

电视台的工作人员说，他们会把我们的故事拍成一部纪录片。

"真的吗？这样我们就会出现在电视里了吗？"

生态圈
2号

我已经记不清我们在生态圈 2 号的最后一晚是怎样度过的了。

第二天一早，我们就起床一起去喂小羊，并且最后一次到野生植物区浇了水。然后用所有剩下的食材做了一顿丰盛的早餐!

"那次的早餐，我们吃到了进入生态圈 2 号以后最丰盛的食物!"

随后，队员们把衣服都换成了进入生态圈 2 号时穿的那套衣服!

"噗! 哈哈，衣服太大了! 乍一看，就像我们每个人都套上了一个大麻袋!"

我们走下螺旋形的楼梯。

"扑通! 扑通!"心跳加快!

"我的肚子里似乎装满了蝴蝶，它们不停地在我的肚子里挥动翅膀，似乎马上就要从嘴巴里飞出来了!"

现在，我们坐在大门旁边的机械室里，等待着！

嘀嗒嘀嗒！嘀嗒嘀嗒！

最后的倒计时开始了！

我们屏住了呼吸！

5、4、

3、2、1！

嘟——

8点了！

截至这一刻，距离我们进入
生态圈2号已经过去了整整2年的时间！

我们等待着最后的命令!

噗——吱! 噗——吱!

"生态圈 2 号队员们……为了伟大的任务……投身于
伟大的生态研究……"

噗——吱!

这个演讲到底什么时候
才能结束?

我们等待着,

等待着,

等待着,

继续等待着!

噗——吱!

呀!

终于下达了命令!

生态圈2号的全体队员，请你们回归生态圈1号吧！

紧闭的大门打开了!

热烈的掌声马上响了起来!

做到了! 我们做到了!

我们在完全脱离地球的环境中生活了 2 年, 而且我们都活了下来!

准确地说, 我们在这里度过了 2 年零 20 分钟!

您是怎么进入生态圈2号的?

您还想再次进入生态圈2号吗?

您是凭借什么才被进为队员的?

您没有觉得袜子不够穿吗?

您真的一次都没有离开生态圈2号吗?

您现在最想吃什么?

队员中是否真的有外星人?

在大家互相讨厌的时候,您是怎样解决这个问题的?

您认为队员中谁最贪吃?

难道您的父母没有到警察局报警吗?

鸡真的把蟑螂都吃掉了吗?

您叫什么名字?

这本书什么时候出版?

新年的时候你们做了什么?

这本书里讲的故事都是真的吗?

149

呼！我们重新回到了地球。

我们从生态圈 2 号回到了生态圈 1 号。

真希望将来还会有生态圈 3 号、生态圈 4 号、生态圈 5 号……

以后我们会不会真的在火星上建造出一个生态圈，然后移居到火星生活呢？

在那里建造生态圈 101 号、生态圈 302 号、生态圈 500 号……生态圈 9095418 号……

期待未来的某一天，宇宙中飘荡着无数个生态圈！

"希望那一天可以早点儿到来！"

生态圈
304 号

生态圈
305 号

生态圈
306 号

在生态圈 2 号，

我们有一扇随时可以踢开的门。

但是在生态圈 1 号，

却并没有一扇大门可以让我们逃离！

——生态圈 2 号队员

制作团队↙

三环童书
SMILE BOOKS

策划团队：三环童书
统筹编辑：胡献忠
项目编辑：徐　微
美术设计：黄　慧

미래가 온다 시리즈 08. 인공 생태계

Text Copyright ⓒ 2020 by Kim Seong-hwa, Kwon Su-jin

Illustrator Copyright ⓒ 2020 by Kim Jin-hwa

Original Korean edition was first published in Republic of Korea by Weizmann BOOKs, 2020.

Simplified Chinese translation copyright ⓒ 2022 by Smile Culture Media(Shanghai) Co., Ltd.

This Simplified Chinese translation copyright arranged with Mindalive through Carrot

Korea Agency, Seoul, KOREA.

All rights reserved.

版权贸易合同登记号 图字：01-2022-0860

图书在版编目（CIP）数据

未来已来系列 . 人工生态系统 /（韩）金成花，（韩）权秀珍著；
（韩）金真花绘；小栗子译 . -- 北京：电子工业出版社，2022.7
ISBN 978-7-121-43071-8

Ⅰ．①未… Ⅱ．①金… ②权… ③金… ④小… Ⅲ．①自然科学－少儿读物
②生态系－少儿读物 Ⅳ．① N49 ② Q14-49

中国版本图书馆 CIP 数据核字 (2022) 第 037891 号

责任编辑：苏　琪　特约编辑：刘红涛
印　　刷：佛山市华禹彩印有限公司
装　　订：佛山市华禹彩印有限公司
出版发行：电子工业出版社
　　　　　北京市海淀区万寿路 173 信箱　邮编：100036
开　　本：889×1194　1/16　印张：44.25　字数：424.8 千字
版　　次：2022 年 7 月第 1 版
印　　次：2022 年 7 月第 1 次印刷
定　　价：228.00 元（全 5 册）

　　凡所购买电子工业出版社图书有缺损问题，请向购买书店调换。若书店售缺，
请与本社发行部联系，联系及邮购电话：（010）88254888，88258888。

　　质量投诉请发邮件至 zlts@phei.com.cn。盗版侵权举报请发邮件至 dbqq@phei.com.cn。

　　本书咨询联系方式：（010）88254161 转 1821，zhaixy@phei.com.cn。